»Hört ihr den Pfiff, den wilden, grellen, / Es schnaubt, es rüstet sich das Tier«, so dichtete 1852 Justinus Kerner. Seit der Jungfernfahrt der Ludwigs-Eisenbahn im Jahr 1835 von Nürnberg nach Fürth inspirierte das eiserne Dampfross zahllose Lyriker. Die Freude über die Erfindung war von Anfang an auch mit der Sorge verbunden, dass »die Poesie des Reisens flieht«. Doch mit über fünfzig Gedichten rund um Schienen, Bahngleise und Passagiere lässt sich in diesem Geschenkbuch trefflich das Gegenteil beweisen. Eine poetische Bahnreise mit Illustrationen von Reinhard Michl.

Wolfgang Minaty, geboren 1947, lebt in München und arbeitet als freier Journalist für namhafte deutsche und österreichische Zeitungen. Er hat bereits mehrere erfolgreiche Anthologien herausgegeben.

Reinhard Michl, geboren 1948 in Niederbayern, zählt zu den bekanntesten deutschen Buchillustratoren und wurde für seine Arbeiten bereits mehrfach ausgezeichnet.

Bitte einsteigen!

Die schönsten Eisenbahn-Gedichte

Herausgegeben
von Wolfgang Minaty

Mit Illustrationen
von Reinhard Michl

Deutscher Taschenbuch Verlag

Ausführliche Informationen über
unsere Autoren und Bücher
finden Sie auf unserer Website
www.dtv.de

Originalausgabe 2010

Umschlagkonzept: Balk & Brumshagen
Umschlagfoto: Gebr. Märklin & Cie. GmbH
Gesetzt aus der Caslon Five Forty
Gesamtherstellung: Druckerei C. H. Beck, Nördlingen
Gedruckt auf säurefreiem, chlorfrei gebleichtem Papier
Printed in Germany · ISBN 978-3-423-13922-9

Inhalt

»Eine Eisenbahn ist ein Unternehmen, gerichtet auf wiederholte Fortbewegung von Personen oder Sachen über nicht ganz unbedeutende Raumstrecken auf metallener Grundlage, welche durch ihre Konsistenz, Konstruktion und Glätte den Transport großer Gewichtmassen beziehungsweise die Erzielung einer verhältnismäßig bedeutenden Schnelligkeit der Transportbewegung zu ermöglichen bestimmt ist und durch diese Eigenart in Verbindung mit den außerdem zur Erzeugung der Transportbewegung benutzten Naturkräften (Dampf, Elektrizität, tierischer oder menschlicher Muskeltätigkeit, bei geneigter Ebene der Bahn auch schon durch die eigene Schwere der Transportgefäße und deren Ladung usw.) bei dem Betriebe des Unternehmens auf derselben eine verhältnismäßig gewaltige, je nach den Umständen nur in bezweckter Weise nützliche oder auch Menschenleben vernichtende und menschliche Gesundheit verletzende Wirkung zu erzeugen fähig ist.«

Definition der Eisenbahn durch das Deutsche Reichsgericht in einem Urteil aus dem Jahr 1879 (vgl. Entscheidungen des Reichsgerichts in Zivilsachen, RGZ, Band 1, Seite 252).

I

Visionen und Anfänge

Achim von Arnim
1781–1831

Eiserne Wege

Jenem bahnet das Schwerdt den Weg und diesem der
Spaten,
Wo die Wege noch schlecht, legen wir eiserne Spur,
Wo er vom Flusse gesperrt, da spannen wir eiserne
Brücken,
Also ein eiserner Will, schaffet sich immer den Weg.

Adelbert von Chamisso
1781–1838

Das Dampfroß

Schnell! schnell, mein Schmidt, mit des Rosses
Beschlag!
Derweil du zauderst, verstreicht der Tag. –
»Wie dampfet dein ungeheures Pferd!
Wo eilst du so hin, mein Ritter wert?« –

Schnell! schnell, mein Schmidt! Wer die Erde umkreist
Von Ost in West, wie die Schule beweist,
Der kommt, das hat er von seiner Müh,
Ans Ziel um einen Tag zu früh.

Mein Dampfroß, Muster der Schnelligkeit,
Läßt hinter sich die laufende Zeit,
Und nimmt's zur Stunde nach Westen den Lauf,
Kommt's gestern von Osten schon wieder herauf.

Friedrich Rückert
1788–1866

Die Eilfahrt

Die Welt wird weit und immer weiter,
Das Wissen breit und immer breiter;
Es mehren sich Entdeckungsreisen
In äußeren und innern Kreisen,
Dort einen neuen Weltteil weisend,
Und hier ein neues Weltheil preisend:
Und alles will doch sein gesehn,
Und alles soll man doch verstehn!
Wer das bedenkt, dem wird's beklommen,
Wie er durch alles durch soll kommen,
Und für so vieles Zeit gewinnen,
Zu enden nicht, nur zu beginnen.
Sonst, wer zwei fremde Sprachen lernte,
Zehn Meilen sich vom Haus entfernte,
Der war gereist, der war gelehrt;
Das ist nun nicht der Rede wert.
Auf Alpen, Pyrenä'n, Karpathen,
Ob wandernd deine Füße traten,

Du bist noch in Europas Mitten,
Hast nicht die Heimat überschritten.
Wie schrumpft das ein und wird zu Schanden
Vor Kordilleren oder Anden!
Und vor des Niagara Brausen
Was will ein Rheinfall von Schaffhausen?
Wer nicht die ganze Welt kann sehn,
Soll lieber nicht vom Hause gehn.
Doch sie zu sehn macht man dir leichter,
Die fernern Ziele schnell-erreichter
Durch die in unsern Eilfahrtstagen
Erfundnen Eildampfschiff' und Wagen.
Die Zwischenräume sind verschlungen,
Wie schnell ein Blitz zum Ziel gedrungen.
In solcher Fahrt ist eine Art
Von göttlicher Allgegenwart.
Auf welchem Punkt im Erdenrunde,
Wo willst du sein zu welcher Stunde?

Sitz ein, fahr zu, halt an, steig aus!
Steig wieder ein und sei zu Haus!
Du hast, was Monde sonst getrennt,
Wie Sonn' in einem Tag durchrennt.
Wie ein Spaziergang durch den Garten,
Geht eine Fahrt durch Länderkarten.
Wie auf der Karte Blick und Hand
Hinstreift und springt von Land zu Land,
Und sich nicht stößt an Grenz und Ränder,
So geht's ohn' Anstoß durch die Länder,
Und, ohne daß man sich's versieht,
Durchs Wissenschaften-Allgebiet,
Wenn du ein Konversations-
Lexikon brauchst statt Postillons.
Wie dort der weitste Raum verengt,
Ist hier das Breitste schmal gedrängt,
In jeder der gedrängten Spalten
Ein ganzes Wissensfach enthalten;

Und über alle Wissenslücken
Geht's sicher auf den Eselsbrücken.
Wenn du nun wirst im Eilfahrtswagen
Das Eilfahrtswörterbuch aufschlagen,
Machst du mit eins die Doppelfahrt,
So weitgereist als hochgelahrt.
Schnell mach sie mit, dieweil du jung,
Daß du hindurchkommst bald genung,
Und kehrest heim, um zu vergessen,
Was du hast auf dem Flug besessen,
Und in Besitz zu nehmen klug,
Was man besitzt nicht auf dem Flug.

Nikolaus Lenau
1802–1850

An den Frühling 1838

Lieber Frühling, sage mir,
Denn du bist Prophet,
Ob man auf dem Wege hier
Einst zum Heile geht?

Mitten durch den grünen Hain,
Ungestümer Hast,
Frißt die Eisenbahn herein,
Dir ein schlimmer Gast.

Bäume fallen links und rechts,
Wo sie vorwärts bricht,
Deines blühenden Geschlechts
Schont die rauhe nicht.

Auch die Eiche wird gefällt,
Die den frommen Schild
Ihrem Feind entgegenhält,
Das Marienbild.

Küsse deinen letzten Kuß,
Frühling, süß und warm!
Eiche und Maria muß
Fort aus deinem Arm!

Pfeilgeschwind und schnurgerad,
Nimmt der Wagen bald
Blüt und Andacht unters Rad,
Sausend durch den Wald.

Lieber Lenz, ich frage dich,
Holt, wie er vertraut,
Hier der Mensch die Freiheit sich,
Die ersehnte Braut?

Lohnt ein schöner Freudenkranz
Deine Opfer einst,
Wenn du mit dem Sonnenglanz
Über Freie scheinst?

Oder ist dies Wort ein Wahn,
Und erjagen wir
Nur auf unsrer Sturmesbahn
Gold und Sinnengier?

Zieht der alte Fesselschmied
Jetzt von Land zu Land,
Hämmernd, schweißend Glied an Glied
Unser Eisenband?

Braust dem Zug dein Segen zu,
Wenns vorüberschnaubt?
Oder, Frühling, schüttelst du
Traurig einst dein Haupt?

Doch du lächelst freudenvoll
Auf das Werk des Beils,
Daß ich lieber glauben soll
An die Bahn des Heils.

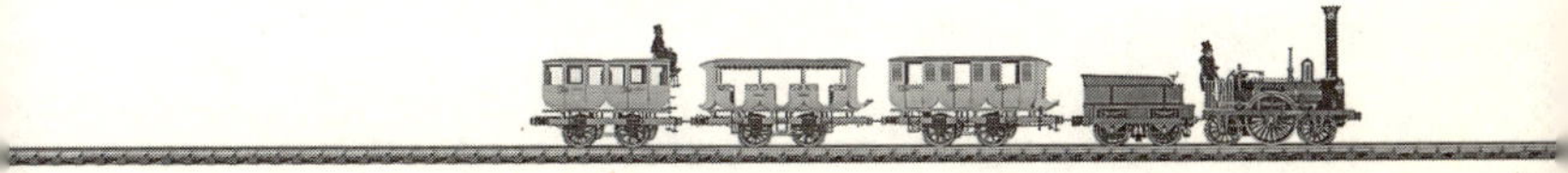

Amselruf und Finkenschlag
Jubeln drein so laut,
Daß ich lieber hoffen mag
Die ersehnte Braut.

Georg Herwegh
1817–1875

Der Freiheit eine Gasse!

Ihr Deutschen ebnet Berg und Tal
Für eure Feuerwagen,
Man sieht auf Straßen ohne Zahl
Euch durch die Länder jagen;
Auch dieser Dampf ist Opferdampf –
Glaubt nicht, daß ich ihn hasse –
Doch bahnet erst in Streit und Kampf
Der Freiheit eine Gasse!

Moritz Graf von Strachwitz
1822–1847

Mich freut's

Es rollt die Welt auf glatten Schienen,
Mich freut's zu gehen durchs hohe Gras,
Und bin ich euch als Narr erschienen,
So denkt: es ist einmal sein Spaß!
Ihr seid für heut die Herr'n der Erden,
Ich kann euch nicht beneiden, seid's!
Ich aber möcht' ein Dichter werden,
Und meine Antwort ist: Mich freut's!

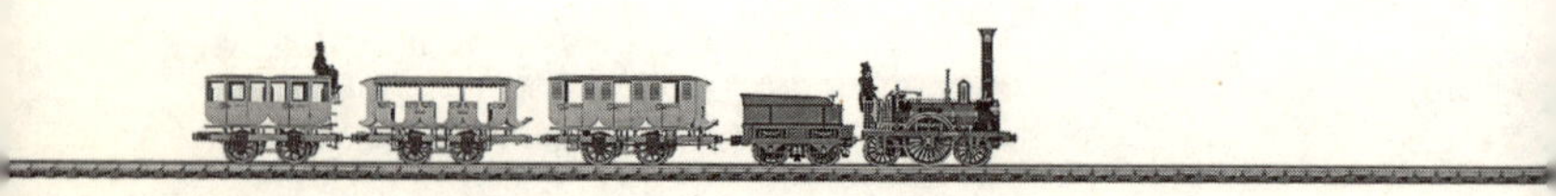

Joseph von Eichendorff
1788–1857

Der Auswanderer

Europa, du falsche Creatur!
Man quält sich ab mit der Cultur,
Spannt vorn die Locomotive an,
Gleich hängen sie hinten eine andre dran,
Die eine schiebt vorwärts, die andre retour,
So bleibt man stecken mit der ganzen Cultur.

Justinus Kerner
1786–1862

Im Eisenbahnhofe

Hört ihr den Pfiff, den wilden, grellen,
Es schnaubt, es rüstet sich das Tier,
Das eiserne, zum Zug, zum schnellen,
Her braust's wie ein Gewitter schier.

In seinem Bauche schafft ein Feuer,
Das schwarzen Qualm zum Himmel treibt;
Ein Bild scheint's von dem Ungeheuer,
Von dem die Offenbarung schreibt.

Jetzt welch ein Rennen, welch Getümmel,
Bis sich gefüllt der Wagen Raum!
Drauf »fertig!« schreit's, und Erd' und Himmel
Hinfliegen, ein dämon'scher Traum.

Dampfschnaubend Tier! seit du geboren,
Die Poesie des Reisens flieht;
Zu Roß mit Mantelsack und Sporen
Kein Kaufherr mehr zur Messe zieht.

Kein Handwerksbursche bald die Straße
Mehr wandert froh in Regen, Wind,
Legt müd sich hin und träumt im Grase
Von seiner Heimat schönem Kind.

Kein Postzug nimmt mit lust'gem Knallen
Bald durch die Stadt mehr seinen Lauf
Und wecket mit des Posthorns Schallen
Zum Mondenschein den Städter auf.

Auch bald kein trautes Paar die Straße
Gemütlich fährt im Wagen mehr,
Aus dem der Mann steigt und vom Grase
Der Frau holt eine Blume her.

Kein Wandrer bald auf hoher Stelle,
Zu schauen Gottes Welt, mehr weilt,
Bald alles mit des Blitzes Schnelle
An der Natur vorübereilt.

Ich klage: Mensch, mit deinen Künsten
Wie machst du Erd' und Himmel kalt!
Wär' ich, eh' du gespielt mit Dünsten,
Geboren doch im wildsten Wald!

Wo keine Axt mehr schallt, geboren,
Könnt's sein, in Meeres stillem Grund,
Daß nie geworden meinen Ohren
Je was von deinen Wundern kund.

Fahr zu, o Mensch! treib's auf die Spitze,
Vom Dampfschiff bis zum Schiff der Luft!
Flieg mit dem Aar, flieg mit dem Blitze!
Kommst weiter nicht, als bis zur Gruft.

Gottfried Keller
1819–1890

Zeitlandschaft

Schimmernd liegt die Bahn im tiefen Tale,
Über Tal und Schienen geht die Brücke
Hoch hinweg, ein Turm ist jeder Pfeiler,
Kunstgekrönet in die Lüfte ragend,
Zu den Wolken weite Bogen tragend.

Wie ein Römerwerk, doch neu und glänzend,
Bindet wald'ge Berge sie zusammen;
Auf der Brücke fahren keine Wagen,
Denn kristallnes Wasser geht dort oben,
Dessen fromme Flut die Schiffer loben.

Unten auf des Tales Eisensohle
Schnurrt hindurch der Wagen lange Reihe,
Hundert unruhvolle Herzen tragend,
Straff von Nord und Süd mit Vogels Schnelle.
Drüber streicht das Fischlein durch die Welle.

Langsam, wie ein Schwan, mit weißem Segel,
Herrlich auf des Himmels blauem Grunde
Oben fährt ein Schiff von Ost nach Westen; –
Ruhvoll lehnt der Schiffer an dem Steuer:
Ist das nicht ein schönes Abenteuer?

II

Willkommen und Abschied

Hermann Hesse
1877–1962

Bahnhofstück

Auf einer Reise, heiß und matt,
Saß ich im überfüllten Wagen,
Ein altes, breites Zeitungsblatt
In beiden Händen aufgeschlagen.

Der Zug hielt an. Ich schaute auch
Wie andre müßig durch die Scheiben,
Sah Hüte, Schleier, halb im Rauch
Mir fensterlang vorübertreiben.

Da bog aus dunklem Seidenflor
Mit feiner Stirn und blonden Haaren
Ein schöner Frauenkopf sich vor,
Den ich gesucht seit vielen Jahren.

Ich schrak empor, und meine Hand
Fuhr zitternd nach dem Fensterrahmen,
Da hört ich im Gewühl genannt
Mit lauter Stimme ihren Namen.

Ich sah nun, den ich lang gehaßt,
Mit kühlem Gruße zu ihr treten,
Am Arm die leichte Reiselast,
Und hört ihn leise mit ihr reden.

Sie gingen weg. Der Pfiff erklang,
Ich sank zurück; ein schwerer, trüber,
Schmerzhafter Dunst ins Aug mir drang,
Und draußen flog die Stadt vorüber.

Georg Heym
1887–1912

Vorortbahnhof
(Berlin VI)

Auf grüner Böschung glüht des Abends Schein.
Die Streckenlichter glänzen an den Strängen,
Die fern in einen Streifen sich verengen
– Da braust von rückwärts schon der Zug herein.

Die Türen gehen auf. Die Gleise schrein
Vom Bremsendruck. Die Menschenmassen drängen
Noch weiß vom Kalk und gelb vom Lehm. Sie zwängen
Zu zwanzig in die Wagen sich herein.

Der Zug fährt aus, im Bauch die Legionen.
Er scheint in tausend Gleisen zu verirren,
Der Abend schluckt ihn ein, der Strang ist leer.

Die roten Lampen schimmern von Balkonen.
Man hört das leise Klappern von Geschirren
Und sieht die Esser halb im Blättermeer.

Gerrit Engelke
1890–1918

Lokomotive

Da liegt das zwanzigmeterlange Tier,
Die Dampfmaschine,
Auf blankgeschliffener Schiene
Voll heißer Wut und sprungbereiter Gier –
Da lauert, liegt das langgestreckte Eisen-Biest –
  Sieh da: wie Öl- und Wasserschweiß
Wie Lebensblut, gefährlich heiß
Ihm aus den Radgestängen: den offnen Weichen fließt.
Es liegt auf sechzehn roten Räder-Pranken,
Wie fiebernd, langgeduckt zum Sprunge
Und Fieberdampf stößt röchelnd aus den Flanken.
Es kocht und kocht die Röhrenlunge –
Den ganzen Rumpf die Feuerkraft durchzittert,
Er ächzt und siedet, zischt und hackt
Im hastigen Dampf- und Eisentakt, –
Dein Menschenwort wie nichts im Qualm zerflittert.
  Das Schnauben wächst und wächst –
Du stummer Mensch erschreckst –

Du siehst die Wut aus allen Ritzen gären –
  Der Kesselröhren-Atemdampf
Ist hochgewühlt auf sechzehn Atmosphären:
Gewalt hat jetzt der heiße Krampf:
  Das Biest es brüllt, das Biest es brüllt,
  Der Führer ist in Dampf gehüllt –
Der Regulatorhebel steigt nach links:
Der Eisen-Stier harrt dieses Winks!:
  Nun bafft vom Rauchrohr Kraftgeschnauf:
  Nun springt es auf! nun springt es auf!

  Doch:
Ruhig gleiten und kreisen auf endloser Schiene
Die treibenden Räder hinaus auf dem blänkernden Band.
Gemessen und massig die kraftangefüllte Maschine,
Der schleppende, stampfende Rumpf hinterher –

Dahinter – ein dunkler – verschwimmender Punkt –
  Darüber – zerflatternder – Qualm –

Mascha Kaléko
1907–1975

Wenn einer fortgeht …

Wenn einer fortgeht, gibt man sich die Hände,
Am Bahnhof lächelt man so gut es geht.
Wie oft sind unsrer Sehnsucht Außenstände
Mit einem D-Zug schon davongeweht …

Wenn einer fortfährt, steht man zwischen Zügen,
Und drin sitzt der, um den sich alles dreht.
Man könnte dieses ›alles‹ anders fügen
Durch einen Blick, ein Wort vielleicht. – Zu spät.

Wenn einer fortfährt, geht das Herz auf Reisen
Und treibt sich irgendwo allein herum.
Es ist schon manchmal schwer, nicht zu entgleisen.
Die klügste Art zu reden bleibt doch: stumm.

Wenn einer fortging, kann man nichts vergessen,
Und jeder Tag ist ein Erinnerungsblatt.
Wenn einer fortgeht, braucht man nichts zu essen,
Man wird so leicht vom Tränenschlucken satt.

Wenn einer fort ist, gibt es Ansichtskarten
Und ab und zu mal einen dicken Brief.
Ein schweres Verbum ist das Wörtchen ›warten‹
Und ›lebe wohl!‹ ein Schluß-Imperativ …

Eugen Roth
1895–1976

Der Unschlüssige

Ein Mensch, zum Bahnhof dauerlaufend,
Mit Seitenstechen, mühsam schnaufend,
Sieht auf die Uhr, es wird zu knapp –
Und augenblicklich macht er schlapp:
Enthoben seinem höhern Zwecke,
Schleicht er jetzt lahm wie eine Schnecke;
Nimmt immerhin sich seine Karte,
Daß er den nächsten Zug erwarte.
Und sieht – und meint nicht recht zu sehn –
Den Zug noch auf dem Bahnsteig stehn.
Mit seinen letzten Lebensgeistern
Hofft er nun, doch es noch zu meistern,
Setzt an zum Endspurt im Galoppe;
Voll Angst, daß doch das Glück ihn foppe,
Läßt jäh er sinken Mut und Kraft. –
Bis er sie wieder aufgerafft,
Vergehn Sekunden, tödlich tropfend.

Der Mensch, mit wilden Pulsen klopfend,
Fragt sich im Laufen, ob er träumt:
Der Zug, den er, an sich, versäumt,
Steht noch – gesetzt den Fall, er sei's! –
Ganz ungerührt auf seinem Gleis.
Doch eh der Mensch sich noch im klaren,
Beginnt der Zug jetzt, abzufahren.
Der Mensch kann noch die Tafel lesen:
Jawohl, es wär sein Zug gewesen.

Ernst Jandl
1925–2000

london: victoria station

when have i got a train to vienna?
fragte ich den glotzenden schalterbeamten
in victoria station in london.
im nächsten moment war mein kopf
ein kleiner verhutzelter apfel
im schleimigen maul des beamten.
der rest meines körpers fraß sich
– so schnell kann ein auge nicht zwinkern –
als gieriger wurm in den apfel.
next boat-train eleven twenty-five platform nine,
antwortete ich dem glotzenden ausländer.

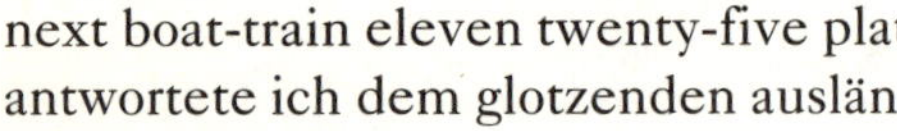

Peter Handke
* 1942

Zugauskunft

»Ich möchte nach Stock.«

Sie fahren mit dem Fernschnellzug um 6 Uhr 2.
Der Zug ist in Alst um 8 Uhr 51.
Sie steigen um in den Schnellzug nach Teist.
Der Zug fährt von Alst ab um 9 Uhr 17.
Sie fahren nicht bis nach Teist, sondern steigen aus in Benz.
Der Zug ist in Benz um 10 Uhr 33.
Sie steigen in Benz um in den Schnellzug nach Eifa mit dem Kurswagen nach Wössen.
Der Schnellzug nach Eifa fährt ab um 10 Uhr 38.
Der Kurswagen wird in Aprath abgehängt und an den Schnellzug Uchte-Alsenz gekoppelt.
Der Zug fährt in Aprath ab um 12 Uhr 12.
Ab Emmen fährt der Zug als Eilzug.
Sie fahren nicht bis nach Wössen, sondern steigen um in Bleckmar.

Der Zug ist in Bleckmar um 13 Uhr 14.
In Bleckmar können Sie sich umsehen bis 15 Uhr 23.
Um 15 Uhr 23 fährt von Bleckmar ein Eilzug ab nach Schee.
(Dieser Zug verkehrt nicht am 24. und 25. 12. und führt nur sonntags 1. Klasse.)
Sie kommen in Schee-Süd an um 16 Uhr 59.
Die Fähre nach Schee-Nord geht ab um 17 Uhr 5.
(Bei Sturm, Nebel und unvorhergesehenen Ereignissen kann der Fährverkehr ausfallen.)
Sie sind in Schee-Nord um 17 Uhr 20.
Um 17 Uhr 24 fährt vom Bahnhof Schee-Nord der Personenzug ab nach Sandplacken.
(Dieser Zug führt nur 2. Klasse und verkehrt nur an Werktagen und verkaufsoffenen Samstagen.)
Sie steigen aus in Murnau.
Der Zug ist in Murnau ungefähr um 19 Uhr 30.

Vom gleichen Bahnsteig fährt um 21 Uhr 12 ein Personen- und Güterzug weiter nach Hützel.
(In Murnau gibt es einen Warteraum.)
Sie sind in Hützel um 22 Uhr 33. *(Diese Zeiten sind ohne Gewähr.)*
Da der Personenverkehr von Hützel nach Krün eingestellt ist, nehmen Sie den am Bahnhofsvorplatz wartenden Bahnbus *(ohne Gewähr)*.
Sie steigen aus in Vach gegen 1 Uhr.
Der erste Straßenbus von Vach geht ab um 6 Uhr 15.
(In Vach gibt es keinen Mietwagen.)
Sie sind in Eisal um 8 Uhr 9.
Der Bus um 8 Uhr 10 von Eisal nach Weiden verkehrt nicht in den Schulferien.
Sie sind in Weiden um 8 Uhr 50.

Um 13 Uhr geht der Bus eines Privatunternehmens von Weiden über Möllen-Forst-Ohle nach Schray.
(Nach Schray und Ohle fährt der Bus weiter nur nach Bedarf.)
Sie sind in Schray um 14 Uhr 50.
Zwischen Schray und Trompet verkehrt um diese Zeit ein Milchwagen, der bei Bedarf auch Personen befördert.
In Trompet können Sie gegen 16 Uhr sein.
Zwischen Trompet und Stock gibt es keine Kraftverkehrslinie.
Zu Fuß können Sie gegen 17 Uhr 30 in Stock sein.

»Im Winter ist es dann schon wieder dunkel?«
»Im Winter ist es dann schon wieder dunkel.«

Sabina Naef
* 1974

Gare du Nord

es gibt kurze und lange Blicke
ein- und ausfahrende Züge
Wind in den Haaren
Meersalz auf den Fahrleitungen
und dann steigst du aus
noch ganz fremd
und ich suche ein Versteck
in deinen Augen

III

Klassen und Gesellschaft

Richard Dehmel
1863–1920

Vierter Klasse

Es rollt und rüttelt und dröhnt und dampft
und klirrt und rasselt und stürmt und stampft;
an kreisenden Feldern vorüber im Flug
durch Pommerns Ebne keucht der Zug.

Ich schaue und horche und weiß es kaum;
ich träume einen stolzen Traum,
wie Form geworden der Menschengeist
donnernd um Axe und Axe kreist …

Da schreit ein Kindchen neben mir
und übertönt das Eisentier.
Es klang so weh, mein Traum zerrinnt;
so blaß, so mager ist das Kind.

Im Wagen schwankt die Dämmerung,
und Gaslicht schwankt und Schattensprung;
aus rotgewürfeltem Bettzeug sticht
so spitz heraus das kleine Gesicht.

Von Kisten und Kasten eingezwängt,
von Säcken und Päcken überdrängt,
schaukelt die Mutter ihr Kind zur Ruh
und summt ein Wiegenlied dazu.

Und rund herum, bedrückt und schwer,
verworrene Worte, hin und her;
Gesichter, furchig, knochig, stumpf,
und Menschendünste, dick und dumpf.

Zusammengeduckt mit Hab und Gut,
mit ihrem letzten bißchen Mut,
aus Polen und Preußen sitzen sie da
und wollen nach Amerika.

Nur wenn das Wörtchen »drüben« fällt,
grünt eine ferne Hoffnungswelt;
und Alle atmen tiefer dann,
und Alle sehn sich nickend an.

Und durch ihr Munkeln, ihr Geschwärm,
durch Rädergepolter und Eisenlärm,
wie Stimmen der Erlösung, ziehn
der Mutter leise Melodien.

O heiliger Stall von Bethlehem,
dein Wunder ist noch heut zu sehn,
wenn eine Wöchnerin beglückt
ihr Kind in Armut an sich drückt!

Nun schläft's; nun hüllt sie's ein recht warm
und legt's behutsam aus dem Arm,
und lehnt sich müd an ihren Mann
und sieht ihn bang und liebreich an.

Und er versteht den Mutterblick
voll Sorge, Furcht und Mißgeschick,
und mit der breiten Schwielenhand
zeigt er hinaus ins finstre Land:

»Sei ruhig, Marie, du wirst schon sehn,
da drüben wird alles anders gehn.
Da schaff ich uns eigen Feld und Vieh,
da wirst du wieder gesund, Marie.

Du brauchst nicht leben wie ein Hund,
ihr werdet beide wieder gesund.
Und unser Kind hat, wenn es groß,
im neuen Land ein besser Los!«

Und Sorge, Furcht und Mißgeschick
vergehen in dem einen Blick,
mit dem sich diese Bauernseelen
von ihrem Kinde stumm erzählen …

Walter Hasenclever
1890–1940

Du Frau im Samt der ersten Klasse

Du Frau im Samt der ersten Klasse fahrend,
Wie liebe ich dein nie erreichtes Bild!
Ein Schicksal dunkel dir im Herzen wahrend,
Erscheinst du ewig mir und ungestillt.
Ich lese in den Blättern, den Journalen,
Und Welt, die mich umfing, rauscht ins Coupé.
Ich weiß, wie du dich sorgst in Mutterqualen,
Und wie du gehst, und wie du schenkst den Tee.
So kenn ich dein umflortes Herz von ferne.
Du liebe Unbekannte, sei mir nah!
O daß ich wieder glaube, wieder lerne:
Ich bin für dich und deine Schönheit da.

Max Herrmann-Neiße
1886–1941

Nachtfahrt

Der Nachtzug stürmt die Stadt. – Verirrt' ich mich,
ein Armer, in die samtne zweite Klasse?
Mein Stolz will Wollust, und er schirrte dich
für mein Gelüst, Geliebte, an die Kasse!

Die Frau, die drüben eines Mannes Arm
angstvoll umfaßt, ist deiner Schmerzen Schwester;
noch spür' ich deine Trostliebkosung warm
an mir, du Glück verzettelter Semester.

Der Nachtzug schleift. Die Diva ruht sich aus
von allen falschen Schauern ihrer Rolle,
das Licht in ihren Augen tut sich aus,
ihr Mund verliert sich ins Geheimnisvolle.

Ich kehre heim, in das, was mir bekannt ist,
und muß mich mit verstellter Strenge schützen;
wem von der eignen Brunst das Haus verbrannt ist,
dem kann kein Brunnen kühler Fremde nützen.

Der Nachtzug hält. Das Dunkel trägt mich fort
von Menschen, denen es ein Wunder gönnte. –
Du schweigst. Da wag' auch ich kein Liebeswort.
Uns raubt ein Schlaf, der nicht mehr enden könnte.

Joachim Ringelnatz
1883–1934

Eine Passagierin Dritter Klasse

Nun will's mir plötzlich scheinen,
Als säß ich in der Eisenbahn
Und müßte bitter weinen.
Was hab ich nur getan?

Ich fahre in die Fremde,
Und ist in meinem Herzen doch –
Als wie in meinem Hemde –
Kein Fleck. Was will ich noch?

Ich fahre so bequem,
Und wenn ich jetzt nun lachte,
Dann weiß ich gar nicht, wem
Ich damit Schande machte.

Vor einem Bahnzusammenstoß
Wär' ich doch niemals bange.
Ich war doch schon mal lange
In Regensburg. Was hab' ich bloß?

Ich bin noch immer, Gott sei Dank,
Streng fromme Katholikin,
Und bin zwar nicht gerade schlank,
Doch ohne daß ich dick bin.

Und Mutter kann ganz ruhig sein,
Sie ist versorgt im Spittel.
Und ihre Einzige bleibt rein,
Denn Arthur weiß ein Mittel.

Und er muß einmal London sehn,
Um weiter zu studieren,
Und er darf nicht zugrunde gehn
Und die Geduld verlieren.

In meiner neuen Stellung will
Ich mir viel Geld ersparen – – –
Wie sind die Leute all so still,
Die mit mir fahren – – –?

Bertolt Brecht
1898–1956

Der Dienstzug

1

Auf ausdrücklichen Befehl des Führers
Erhielt der Salonzug, der für den Nürnberger Parteitag
gebaut wurde
Den schlichten Namen *Dienstzug.* Das bedeutet, daß
Die in ihm fahren, indem sie fahren, dem deutschen
Volk
Einen Dienst erweisen.

2

Der Dienstzug
Ist ein Meisterstück der Wagenbaukunst. Die Zuggäste
Haben eigene Appartements. Durch breite Fenster
Sehen sie die deutschen Bauern auf den Feldern
schuften.
Sollten sie in Schweiß geraten bei diesem Anblick
Können sie in gekachelten Kabinetten
Expreßbäder nehmen.

Vermittels eines raffinierten Beleuchtungssystems
können sie
Sitzend, stehend und liegend nachts die Zeitungen
lesen
Mit den großen Berichten über die Segnungen
Des Regimes. Dic einzelnen Appartements
Sind durch Telefonleitungen miteinander verbunden
Wie die Tische in gewissen Tanzpalästen, wo die
Herren
Telefonisch die Damen an den Nachbartischen nach
dem Preis fragen können.
Ohne sich von den Betten zu erheben, können die
Gäste
Das Radio anstellen mit den großen Berichten
Über die Nachteile anderer Regimes. Sie bekommen
ihre Dinners
Auf Wunsch im Appartement serviert und verrichten
ihre Notdurft

In eigenen Klosetts, die mit Marmor ausgelegt sind.
Sie scheißen
Auf Deutschland.

Anton G. Leitner
* 1961

Höchste Eisenbahn

Die Uhr geht nach
Ich bin zu spät
Die Neunuhrsieben
Schaffe ich bestimmt

Nicht mehr, vielleicht
Hilft Laufen, Rennen
Marathon, die Tasche
Schlägt die Flanken wund

Ich lauf und laufe mir
Den Wolf, die Füße
Platt, mir nach
Rennt einer, rennen

Zwei, die Kleine
Bringt ihr Freund
Im Auto auf die
Bahn, nur ich lieg

Schief so ohne den
Chauffeur, die kalte
Luft, sie tut nicht
Gut dem Hals, komm

Halte durch, sie kommt
Zu spät, es gibt kein
Halten mehr, ich hole
Luft, ich hole auf, ich

Hole die Verspätung
Ein, und wenn ich
Dieser Schlange auf
Den abgefahrnen

Gleisen hinterher
Muß, Hecheln
Bis zum nächsten
Halt, ich finde keinen

Anschluss mehr im
Öffentlichen Nah-
Verkehr, bekäm ich
Doch in dieser klassen-

Losen S-Bahn eine
Adelige ab, dann
Bräucht ich keinen
Stehplatz mehr und

Keine Streifenkarte für
Vier Zonen in die
Innenstadt, auch der
Defekte Schalter-

Automat wär mir so
Schnurz wie's Rauschen
Aus dem alten
Megaphon, jetzt alles

Aus. Gebrumm
Metallisch, statt dem
Zug bekomm ich
Zug im Unterstand

Es zieht durch alle
Ritzen erster
Zweiter
Dritter

Klasse!

IV

Schienen und Schicksal

Otto Julius Bierbaum
1865–1910

Die Reise ohne Fahrplan

In diese rätselhafte Welt
Sind wir alle als Rätsel gestellt;
Bilden Charaden.
Wer sucht den Sinn, wer findet Verstand
In diesem wimmelnden Allerhand?
Wer kann uns erraten?

Wir selber? Kaum. Wir tauschen nichts als Zeichen,
Andeutungen geheimnisvoller Art;
Ziehn uns Signale auf und stellen Weichen,
Daß keiner stören mag des andern Fahrt,
Die ach auf sträflich unsoliden Speichen
Uns an ein Loch führt, keinem noch erspart:
An den bekannten Tunneleingang, der,
Wenn wir es könnten, längst vermauert wär.

Vielleicht studiert ein Gott das wirre Wesen,
Wie ein Professor dies und das studiert:
Bakterien, unters Mikroskop gelesen;
Zahlenkolumnen, mächtig aufmarschiert;
Vokabeln eines Dichters; welche Spesen,
Im Haushalt der Natur die Kraft summiert.
Wer weiß, was einen Gott dran interessiert, –
Bis er, gelangweilt, mit dem Sturmesbesen
Das rätselhafte Zeug beiseite wischt:
Daß Laus wie Elefant zugleich verschwinden,
Die ganze Weltgeschichte Kehricht ist,
Napoleon nicht und Goethe mehr zu finden
Im großen schwarzen Weltentintengischt,
Durch das die Zeit sich ruhig weiter frißt.

Doch kanns auch sein: Es kennt die Hieroglyphen
Der Irgendwer, der diese Rätsel schrieb,
Die nebenbei auch uns ins Leben riefen.

Wer weiß, vielleicht sind wir ihm wirklich lieb,
Und, was uns weh tut, jeder Schicksalshieb,
Will uns, prost Mahlzeit, will uns bloß vertiefen.
Es kann ja sein. Was kann nicht sein auf Erden?
Wir können in der Tat noch alle Engel werden.

Weiß Gott: Gott weiß es! Unser ist allein
Die Pflicht, ihm ein gefüger Stoff zu sein,
Auf daß uns selbst die wunderliche Erde
Kein Nadelkissen oder Kantenstein,
Sondern ein Garten voller Früchte werde.
Und geht es dann ins Tunnelloch hinein,
Soll wenigstens die Lebewohlgebärde
Den weiter Rätselnden kein schlechter Anblick sein.

Paul Boldt
1885–1921

Der Schnellzug

Es sprang am Walde auf in panischem Schrecke,
Die gelben Augen in die Nacht geschlagen. –
Die Weiche lärmt vom Hammerschlag der Wagen
Voll blanken Lärms, indes sie fern schon jagen

Im blinden Walde, lauert an der Strecke
Die Kurve wach. Es schwanken die Verdecke.
Wie Schneesturm rennt der D-Zug durch die Ecke,
Und tänzelnd wiegen sich die schweren Wagen.

Der Nebel liegt, ein Lava, auf den Städten
Und färbt den Herbsttag grün. Auf weiter Reise
Wandert der Zug entlang den Kupferdrähten.

Der Führer fühlt den Schlag der Triebradkreise
Hinter dem Sternenkopfe des Kometen,
Der zischend hinfällt über das Geleise.

Erich Kästner
1899–1974

Das Eisenbahngleichnis

Wir sitzen alle im gleichen Zug
und reisen quer durch die Zeit.
Wir sehen hinaus. Wir sahen genug.
Wir fahren alle im gleichen Zug.
Und keiner weiß, wie weit.

Ein Nachbar schläft, ein andrer klagt,
ein dritter redet viel.
Stationen werden angesagt.
Der Zug, der durch die Jahre jagt,
kommt niemals an sein Ziel.

Wir packen aus. Wir packen ein.
Wir finden keinen Sinn.
Wo werden wir wohl morgen sein?
Der Schaffner schaut zur Tür herein
und lächelt vor sich hin.

Auch er weiß nicht, wohin er will.
Er schweigt und geht hinaus.
Da heult die Zugsirene schrill!
Der Zug fährt langsam und hält still.
Die Toten steigen aus.

Ein Kind steigt aus. Die Mutter schreit.
Die Toten stehen stumm
am Bahnsteig der Vergangenheit.
Der Zug fährt weiter, er jagt durch die Zeit,
und niemand weiß, warum.

Rose Ausländer
1901–1988

Die Fremden

Eisenbahnen bringen die Fremden
die aussteigen und sich ratlos umsehn
In ihren Augen schwimmen
ängstliche Fische
Sie tragen fremde Nasen
traurige Lippen

Niemand holt sie ab
Sie warten auf die Dämmerung
die keine Unterschiede macht
dann dürfen sie ihre Verwandten besuchen
in der Milchstraße
in den Mulden des Monds

Einer spielt Mundharmonika –
seltsame Melodien
Eine andre Tonleiter wohnt
im Instrument:
eine unabhörbare Folge von
Einsamkeiten

Jürgen Fuchs
1950–1999

Als ich mit der Eisenbahn

Als ich mit der Eisenbahn
Nach Stockholm fuhr
Und nur ab und zu ein Haus sah
Alte Bäume
Seen
Ab und zu ein Haus

Zerbrachen die Wände meiner Zelle
Der Ölsockel
Die Tür
Der Spiegel über dem Waschbecken

Joochen Laabs
* 1937

Momentaufnahme Altes Grenzland

Nun eskortieren uns nicht mehr
oberleitunggeführte Wölfe durchs
Unterholz, deren stupid-tödlichem Trott
sich der Zug anzupassen hat
Orangebewestete Streckenarbeiter
treten aufs frischgeschotterte Parallelgleis
die knallgelben Großmaschinen wechseln
von hüben nach drüben
Der Zug bleibt in zielbewußter Eile, legt
sich schräg in die weite Kurve. Die
hohen Bäume, herbstlich
gelichtet, neigen sich
Buchen, Eschen, Eichen …
flitzen draußen dahin
tauchen in den milden Nebel. Kaum
noch hebt einer der Reisenden das Gesicht
vom Buch, vom Lap-top, von der Zeitung
Nach Magdeburg kommt Braunschweig

Und umgekehrt. Wer wohin gehört, ist den Sweatshirts
den Sportiven Washer Hemden, den Cashmere
Flausch Sakkos
nicht anzusehen. Der Schaffner
wendet sich einem wie dem anderen
mit der gleichen geschäftlichen
Freundlichkeit zu. Kein grobes
Wort. Man könnte meinen
alles ist gut.

Christian Lehnert
*1969

d-zug dresden-krakow

nach osten hin
schweigt sich das feuchte land aus
jenseits
mit der absurden geschwindigkeit
für alles ohne konturen
weiß ich nicht mehr näher und ohne ort
hinter einer grenze verglast
im abteil
zu sein bin ich nur noch der zeit
verwandt wie irgend etwas
was ich gestern noch
hätte sagen müssen
zuletzt und irgend jemandem was jetzt
nur eine einsame funktion des regens ist
eine vergessene handschrift
in den namenlosen scharen
auf dem transport und anderswo
nur reduziert zu einem punkt

bewegt von a nach b und
die einstellung
einer immer anderen kamera läßt
mich so als bild ohne bezeichnung
immer weiter zurück
und deutsch und in weißen birkenstämmen
stückweis auf den kohlehalden
in inseln ausgespülten grases
goldenen bergen von zähnen
sei ich dort frierend fiebrig vor fremde
wie dann der zeitlose schaffner im gang
vorbei an den verfallenen häusern
des jüdischen markts
in kazimierz endgültig
meine fahrkarte entwertet
weit hinter der grenze
zum möglichen ende eines films

Günter Herburger
* 1932

Luxus

Steht im Bahnhof, das Paar,
sie zieht einen Schuh aus
und säubert mit dem Strumpf
die Brille ihres Mannes,
dann gehen beide zu den Geleisen
und lassen sich fallen;
der Zug kommt und rollt.

Die Zärtlichkeit einer U-Bahn
kann bestätigt werden,
aber alle, die sterben wollen,
sollten vorher noch ein wenig essen.

V

An Schranke und Bahndamm

Hermann Lingg
1820–1905

Bahnwärterlos

O Freund werd' ja kein Wärter
An einer Eisenbahn,
Denn dieses Los ist härter
Als jeder andre Plan.

Ein solcher steht da draußen
Und wartet früh und spat
Und hört er etwas sausen,
So stellt er sich gerad'.

Man kann von ihm wohl sagen,
Er geh' nur auf den Pfiff,
Er salutiert die Wagen
Und hat die Hand am Griff.

Er muß telegraphieren
Und unter Eis und Schnee
Im Winter schier erfrieren,
Beim Schaufeln auf der Höh'.

Viel besser geht's dem Schürer,
Der wärmt sich doch die Hand,
Am besten hat's der Führer
Bei seinem hohen Stand.

Nun ja, man kann's erwarten!
Das Glück kommt nach und nach,
Für jetzt blüht mir ein Garten,
Kein Fleckchen liegt mir brach.

Da pfleg' ich manche Stunde
Zu meinem Zeitvertreib
Die Blumen der Rotunde,
Ich und mein junges Weib.

Da pflanz' ich meine Rüben,
Und mancher fährt vorbei,
Und denkt sich, der da drüben
Versteht doch mancherlei.

Und ich denk': He du, bremse!
Mein Wechsel zieht so viel
Als einer an der Themse,
Wir kommen all' ans Ziel.

Christian Morgenstern
1871–1914

Der Bahnvorstand

Der Bahnvorstand des kleinen Orts
bedünkt vom Rang sich eines Lords.

Ein Vororts-, Fern- und Güterzug
zu gleicher Zeit(!) – das ist genug.

Er steckt die Hand vorn in die Brust
und blickt mit wahrer Feldherrnlust.

Er streckt den Arm bald her, bald hin:
Sein Leben hat nun wirklich Sinn …

Zum Größten spräch sein Herz nun: »Komm!«
Er ist ein Mensch; voilà! un homme!

Joachim Ringelnatz
1883–1934

Arm Kräutchen

Ein Sauerampfer auf dem Damm
Stand zwischen Bahngeleisen,
Machte vor jedem D-Zug stramm,
Sah viele Menschen reisen

Und stand verstaubt und schluckte Qualm
Schwindsüchtig und verloren,
Ein armes Kraut, ein schwacher Halm,
Mit Augen, Herz und Ohren.

Sah Züge schwinden, Züge nahn.
Der arme Sauerampfer
Sah Eisenbahn um Eisenbahn,
Sah niemals einen Dampfer.

Otto Heinrich Kühner
1921–1996

Am Bahndamm

Am Bahndamm, jener arme Sauerampfer
Sah späterhin nicht nur keinen Dampfer,
Sondern, seit die Strecke letzte Dienste getan,
Nicht einmal mehr eine Eisenbahn;
Und seit man ihn selber – das letzte Kapitel –
Vernichtet mit einem Unkrautvertilgungsmittel,
Sah er, neben dem Schiffs- und Bahnverkehr,
Überhaupt nichts mehr.
(Der dreifach arme Sauerampfer!)

Günter Eich
1907–1972

Am Bahndamm

Wenn kein Zug rollt,
bleibt die Welt leise.
Die Disteln tasten
sich an die Gleise.

Vom Frosch berührt
zuckt der Sumpfdotter.
Eidechse schlängelt
sich über den Schotter.

Das Einfahrtssignal
erhebt den Arm,
es schwirrt der Draht
im plumpen Alarm.

Das Kraut am Hang
hat feinere Ohren.
Die stumme Welt
bleibt unverloren.

Durs Grünbein
* 1962

In der Provinz I

(Normandie)

Eingefallen am Bahndamm,
Liegt ein Hundekadaver quer im Gebiß
Kreideweiß numerierter Schwellen, erstarrt.

Je länger du hinsiehst, je mehr
Zieht sein Fell in den Staub ein, den Schotter
Zwischen den Inseln aus frischem Gras.

Dann ist auch dieses Leben, ein Fleck,
Gründlich getilgt.

Lars Reyer
* 1977

Den Bahndamm entlang: du kickst

eine leere Konservendose (Silberbüchse)
vor dir her, der Schotter knirscht
unter deinen Schritten; & das eingestaubte
Schwellengras – Ein Geruch

hängt in der Luft, Beifuß & Kamille,
im Dunst, der sich hier nie
ganz verliert; es schmettert,
in deinem Rücken, ein Zug sein Signal. Die Stadt
schwillt herauf, ein riesiger Schläfer.

Kräne schweben
über dem ruhenden Leib, die Hälse
könnte ein Sturm umknicken, ein Trocken-
gebläse. Die hellwachen Presslufthämmer
beschäftigen sich mit Asphalt. Du kickst

ins Leere. Ein paar Schritte weiter
eine verlassene Baustelle, die Spaten
stecken im Sand, hüftsteife Beton-
mischmaschinen. In den aufgeschütteten
Hohlblocksteinen siedeln Wespen (glänzende
Schuppen), sie brummen & brummen, sie singen

im aufgrauenden Morgen
ihr narkotisierendes Lied.

VI

Einfälle und Unfälle

Franz Grillparzer
1791–1872

Epigramm

Eisenbahnen, Anlehn und Jesuiten
Sind unbestritten
Die Wege, die wahren,
Zum Teufel zu fahren.

Theodor Fontane
1819–1898

Die Brück' am Tay

(28. Dezember 1879)

When shall we three meet again?
Macbeth

»Wann treffen wir drei wieder zusamm?«
»Um die siebente Stund', am Brückendamm.«
»Am Mittelpfeiler.«
»Ich lösche die Flamm.«
»Ich mit.«

»Ich komme vom Norden her.«
»Und ich vom Süden.«
»Und ich vom Meer.«

»Hei, das gibt einen Ringelreihn,
Und die Brücke muß in den Grund hinein.«

»Und der Zug, der in die Brücke tritt
Um die siebente Stund'?«
»Ei, der muß mit.«
»Muß mit.«

»Tand, Tand
Ist das Gebilde von Menschenhand!«

*

Auf der *Norder*seite, das Brückenhaus –
Alle Fenster sehen nach Süden aus,
Und die Brücknersleut' ohne Rast und Ruh
Und in Bangen sehen nach Süden zu,
Sehen und warten, ob nicht ein Licht
Übers Wasser hin »Ich komme« spricht,
»Ich komme, trotz Nacht und Sturmesflug,
Ich, der Edinburger Zug.«

Und der Brückner jetzt: »Ich seh' einen Schein
Am anderen Ufer. Das muß er sein.
Nun, Mutter, weg mit dem bangen Traum,
Unser Johnie kommt und will seinen Baum,
Und was noch am Baume von Lichtern ist,
Zünd' alles an wie zum heiligen Christ,
Der will heuer *zweimal* mit uns sein, –
Und in elf Minuten ist er herein.«

*

Und es war der Zug. Am *Süder*turm
Keucht er vorbei jetzt gegen den Sturm,
Und Johnie spricht: »Die Brücke noch!
Aber was tut es, wir zwingen es doch.
Ein fester Kessel, ein doppelter Dampf,
Die bleiben Sieger in solchem Kampf.
Und wie's auch rast und ringt und rennt,
Wir kriegen es unter, das Element.

Und unser Stolz ist unsre Brück';
Ich lache, denk' ich an früher zurück,
An all den Jammer und all die Not
Mit dem elend alten Schifferboot;
Wie manche liebe Christfestnacht
Hab' ich im Fährhaus zugebracht
Und sah unser Fenster lichten Schein
Und zählte und konnte nicht drüben sein.«

Auf der Norderseite, das Brückenhaus –
Alle Fenster sehen nach Süden aus,
Und die Brücknersleut' ohne Rast und Ruh
Und in Bangen sehen nach Süden zu;
Denn wütender wurde der Winde Spiel,
Und jetzt, als ob Feuer vom Himmel fiel',
Erglüht es in niederschießender Pracht
Überm Wasser unten … Und wieder ist Nacht.

*

»Wann treffen wir drei wieder zusamm?«
»Um Mitternacht, am Bergeskamm.«
»Auf dem hohen Moor, am Erlenstamm.«

»Ich komme.«
»Ich mit.«
»Ich nenn' euch die Zahl.«
»Und ich die Namen.«
»Und ich die Qual.«
»Hei!
Wie Splitter brach das Gebälk entzwei.«

»Tand, Tand
Ist das Gebilde von Menschenhand.«

Frank Wedekind
1864–1918

Simplizissimusgedicht

Auf den Preuß'schen Eisenbahnen
Und besonders in Berlin
Fahren fromme Untertanen
Gottesfürchtig her und hin.

Überall zum Butterbrote
Findet jeder ein Glas Bier.
Setzt es manchmal ein paar Tote,
Großer Gott, wer kann dafür!

Denn auf diesen Eisenbahnen,
Wie das offen anerkannt,
Sterben deutsche Untertanen
Ihren Tod fürs Vaterland.

Sparen muß man, wo das Sparen
Keinen Nachteil involviert;
Sei der Mensch zu Tod gefahren,
Oder sei er füsiliert!

Und der Fiskus voll Ergötzen
Klimpert mit dem Resultat –
Plötzlich sieht er mit Entsetzen
Dort ein buntes Zeitungsblatt.

Er erbebt: O Schreck, o Grauen!
Wer hat mir das angetan?
Muß ich solch ein Unheil schauen
Hier auf meiner Eisenbahn!

Oh, dies Blatt ist ein Verderben,
Wie die Welt kein schlimmres hat,
Mag das halbe Deutschland sterben,
Aber konfisziert das Blatt!

Laßt in Grund und Boden fahren
Alles, was noch Beine hat,
Möge Gott uns nur bewahren
Vor dem bunten Zeitungsblatt,

Das den Teufel führt im Schilde
Und sich weiht dem freien Geist
Und das unser Staatsgebilde
In die tiefste Hölle reißt! –

Sprach's, und alsobald verboten
Ward das Blatt. Das Volk blieb stumm,
Doch es drehten sich die Toten
Sämtlich auf den Gleisen um.

Heil euch nun, ihr Eisenbahnen,
Von dem bunten Blatt befreit,
Das dem Wohl der Untertanen,
Das der Wahrheit sich geweiht.

Deutschland, Deutschland über alles,
Über alles in der Welt.
Perle du des Erdenballes,
Sag' mir, wie dir das gefällt?

Detlev von Liliencron
1844–1909

Der Blitzzug

Quer durch Europa von Westen nach Osten
Rüttert und rattert die Bahnmelodie.
Gilt es die Seligkeit schneller zu kosten?
Kommt er zu spät an im Himmelslogis?
  FortfortfortFortfortfort drehn sich die Räder
  Rasend dahin auf dem Schienengeäder,
  Rauch ist der Bestie verschwindender Schweif,
  Schaffnerpfiff, Lokomotivengepfeif.

Länder verfliegen und Städte versinken,
Stunden und Tage verflattern im Flug,
Täler und Berge, vorbei, wenn sie winken,
Traumbilder, Sehnsucht und Sinnenbetrug.
  Mondschein und Sonne, noch einmal die Sterne,
  Bald ist erreicht die beglückende Ferne,
  Dämmerung, Abend und Nebel und Nacht,
  Stürmisch erwartet, was glühend gedacht.

Dämmerung senkt sich allmählich wie Gaze,
Schon hat die Venus die Wache gestellt.
Nur noch ein Stündchen! Dann nimmt sich die Straße,
Trennt, was sich hier aneinander gesellt:
  Reiche Familien, Bankiers, Kavaliere,
  Landrat, Gelehrter, ein Prinz, Offiziere,
  »Damen und Herren«, ein Dichter im Schwarm,
  Liebliche Kinder mit Spielzeug im Arm.

Nun ist das Dunkel dämonisch gewachsen,
In den Coupés brennt die Gasflamme schon.
FortfortfortFortfortfort, glühende Achsen,
Schrillt ein Signal, klingt ein wimmernder Ton?
  FortfortfortFortfortfort, steht an der Kurve,
  Steht da der Tod mit der Bombe zum Wurfe?
  Halthalthalthalthalthalthalthaltein –
  Ein andrer Zug fährt schräg hinein.

Folgenden Tags, unter Trümmern verloren,
Finden sich zwischen verkohltem Gebein,
Finden sich schuttüberschüttet zwei Sporen,
Brennscheren, Uhren, ein Aktienschein,
  Geld, ein Gedichtbuch: »Seraphische Töne«,
  Ringe, ein Notenblatt: »Meiner Camöne«,
  Endlich ein Püppchen im Bettchen verbrannt,
  Dem war ein Eselchen vorgespannt.

Ernst Stadler
1883–1914

Fahrt über die Kölner Rheinbrücke bei Nacht

Der Schnellzug tastet sich und stößt die Dunkelheit
entlang.
Kein Stern will vor. Die ganze Welt ist nur ein enger,
nachtumschienter Minengang,
Darein zuweilen Förderstellen blauen Lichtes jähe
Horizonte reißen: Feuerkrcis
Von Kugellampen, Dächern, Schloten, dampfend, strö-
mend .. nur sekundenweis ..
Und wieder alles schwarz. Als führen wir ins Einge-
weid der Nacht zur Schicht.
Nun taumeln Lichter her .. verirrt, trostlos verein-
samt .. mehr .. und sammeln sich ..
und werden dicht.
Gerippe grauer Häuserfronten liegen bloß, im Zwie-
licht bleichend, tot – etwas muß
kommen .. o, ich fühl es schwer
Im Hirn. Eine Beklemmung singt im Blut. Dann
dröhnt der Boden plötzlich wie ein
Meer:

Wir fliegen, aufgehoben, königlich durch nachtent-
rissne Luft, hoch übern Strom.
O Biegung der Millionen Lichter,
stumme Wacht,
Vor deren blitzender Parade schwer die Wasser abwärts
rollen. Endloses Spalier, zum Gruß
gestellt bei Nacht!
Wie Fackeln stürmend! Freudiges! Salut von Schiffen
über blauer See! Bestirntes Fest!
Wimmelnd, mit hellen Augen hingedrängt! Bis wo die
Stadt mit letzten Häusern ihren
Gast entläßt.
Und dann die langen Einsamkeiten. Nackte Ufer.
Stille. Nacht. Besinnung. Einkehr.
Kommunion. Und Glut und Drang
Zum Letzten, Segnenden. Zum Zeugungsfest. Zur
Wollust. Zum Gebet. Zum Meer.
Zum Untergang.

Ludwig Rubiner
1881–1920

Die Texasbahn

Auf Mitteltexas dämmert letzte Helle.
FRED, der die Bahnzeit nach den Sternen schätzt,
Entfernt die Schrauben aus der Schienenschwelle.
Schon kommt erdonnernd roter Schein gehetzt.

Der Zug, der in die losen Schienen fetzt,
Springt hoch wie die getroffene Gazelle.
Fred trägt aus Leichenhaufen unverletzt
Miss Madderson. An einer nahen Quelle

Schlummert sie sorglos wie ein kleines Kind.
Blaß liegt der Mond. Der Kürbisklopfer flötet,
Bis daß der Tag durch die Agaven rinnt.

Und sie wacht auf und nestelt an den Haaren:
»Hast du auch meinen Vater gut getötet? –
Dann laß uns, bitte, nach Venedig fahren!«

Erich Fried
1921–1988

Altes Eisenbahnerlebnis

Im Zug war ich eingeschlafen
da weckte mich aus meinem Traum
ein Zweig der mich stach
Neben mir saß ein Baum

Er rauschte betreten
»Wollen Sie bitte verzeihen!«
und zog einen Teil
seiner Äste und Wurzeln ein

Ein Schaffner
der in unser Abteil kam und ihn sah
stand steif wie ein Brett
einfach angewurzelt da

Der Baum aber bat um Gehör
»Wenn ich einen Fahrschein löse
Herr Kontrolleur
sind Sie mir doch nicht mehr böse?«

Doch der Mann sprach von Lokomotive
und Axt und Verheizen
und ich beschwor ihn umsonst
den Baum nicht zu reizen

Mitten in dieser peinlichen Diskussion
hielten wir in meiner kleinen Station
Als ich ausstieg hörte ich den Beamten noch grollen
Im nächsten Wald ist der Zug dann spurlos verschollen

Gabriele Wohmann
* 1932

Im letzten Wagen

Der Wagen rüttelt so
Es könnte dieser Zug sein
Es könnte sein, daß einmal
Das alles sogar mir
Passiert, das reservierte
Zimmer ist schon vergeben und
Das Abholen verpatzt
Am Telephon die falsche
Person, die Nummer stimmt nicht
Diesmal bist du es wirklich
Verwickelt in den Unfall
Krank, auf dem andern Bahnsteig
Die Abfahrtszeit verkehrt
Der Wagen rüttelt so
Sitz nicht im letzten Wagen
Vom Zug, denn irgendwann
Passiert vielleicht auch mir
Alles hoch unwahrscheinlich

Bei Glatteis kommt ins Schleudern
Das unerwünschte Auto
Auf dem verkehrten Platz
Das Nachwinken vergeblich
Was ringsum auf dem Globus
Nur andern zustößt – mir
Gilt niemals eine Zeile
Aus Nachrichten, der Zeitung
Doch dann geschieht auch Lesern
Vielleicht einmal sogar
Nicht nur Entgleisen, Rütteln
Nicht nur das Pech, Versäumen
Sogar – sehr schwer zu glauben –
Der Tod, wie jeder Irrtum.

VII

Reisen und Speisen

Ferdinand von Saar
1833–1906

Eisenbahnfahrt

Eingeschlossen vom Waggon
  Lehn' ich in der Ecke,
Und der Dampf trägt mich davon
  Brausend auf der Strecke.

In die Gegend rings hinaus
  Blick' ich so im Fahren,
Weithin breitet sie sich aus,
  Blühend wie vor Jahren.

Ob des Zuges Hast auch steigt,
  Scheint er doch zu weilen,
Nur vor meinem Auge zeigt
  Sich ein Flieh'n und Eilen.

Dörfer, Felder, Wald und Au'n
  Ziehn vorbei im Fluge,
Still, mit unverwandtem Schau'n,
  Sinn' ich nach dem Truge.

Und in tiefster Seele klar
  Wird mir dieses Leben,
Wo, was immer ist und war,
  Scheint vorbei zu schweben.

Liebe, Glück und Jugendzeit,
  Ach, sie alle weilen –
Nur der Mensch in Ewigkeit
  Muß vorüber eilen.

Julius Hart
1859–1930

Vom Westen kam ich

Vom Westen kam ich, schwerer Heideduft
umfloß mich noch, vor meinen Augen hoben
sich weiße Birken in die klare Luft,
von lauten Schwärmen Krähenvolks umstoben,
weit – weit die Heide, Hügel gelben Sands
und binsenüberwachsne Wasserkolke,
fern zog ein Schäfer durch Westfalenlands
Buschwerk und Ginsterkraut mit seinem Volke.

Vom Westen kam ich und mein Geist umspann
weichmütig rasch entschwundne Jugendtage,
war's eine Thräne, die vom Aug' mir rann, –
klangs von dem Mund wie sehnsuchtsbange Klage?
Vom Westen kam ich und mein Geist entflog
voran und weit in dunkle Zukunftsstunden,
wohl hub er mächtig sich, sein Flug war hoch,
und Schlachten sah er, Drang und Heldenwunden.

Vorbei die Spiele! Durch den Nebelschwall
des grauenden Septembermorgens jagen
des Zuges Räder, und vom dumpfen Schall
stöhnt, dröhnt und saust's im engen Eisenwagen …
Zerzauste Wolken, winddurchwühlter Wald
und braune Felsen schießen wirr vorüber,
dort graut die Havel, und das Wasser schwallt,
die Brücke, hei! dumpf braust der Zug hinüber.

Die Fenster auf! Dort drüben liegt Berlin!
Dampf wallt empor und Qualm, in schwarzen Schleiern
hängt tief und steif die Wolke drüber hin,
die bleiche Luft drückt schwer und liegt wie bleiern …
Ein Flammenherd darunter, – ein Vulkan,
von Millionen Feuerbränden lodernd,
ein Paradies, ein fruchtbar Kanaan, –
ein Höllenreich in Schattendunst vermodernd.

Hindonnernd rollt der Zug, es saust die Luft!
Ein Anderer rast dumpfprasselnd rasch vorüber, –
Fabriken rauchgeschwärzt, und aus dem grauen Duft
schlägt düstrer Feuerbrand vom Fluß herüber.
Engbrüst'ge Häuser, Fenster schmal und klein,
bald braust es dumpf durch hallende Brückenbogen,
bald blinkt herauf bleifarbner Wasserschein,
und unter Kähnen mühn sich schwer die Wogen.

Vorbei, vorüber! Und ein geller Pfiff!
Weiß fliegt der Dampf, ... ein Knirschen an den
Schienen!
Die Bremse stöhnt laut unter starkem Griff ...
Langsamer nun! ... Es glänzt in allen Mienen.
Glashallen über uns und lautes Menschenwirrn, ...
Halt! Und »Berlin!« Hinaus aus engen Wagen!
»Berlin!« »Berlin!« Nun hoch die junge Stirn,
ins wilde Leben laß dich mächtig tragen.

Berlin! Berlin! die Menge drängt und wallt
und wälzt sich tosend durch die staub'gen Gassen,
vorüber brandet sie stumpf, tot und kalt,
und jedes Ich ertrinkt in dunklen Massen.
Du aber suchst in dieser bleichen Flut
nach Rosen und nach grünen Lorbeerkronen, …
Schau dort hinaus! … Die Luft durchquillt's wie Blut,
es brennt die Schlacht, und Niemand wird dich schonen.

Schon braust die wilde Flut um meine Brust,
schon reißt es mich hinfort in wirren Schäumen,
und zwischen Tod und trunkener Lebenslust
treib ich dahin, gleichwie in dumpfen Träumen.
Wohin? wohin? die dunkle Nacht verschlingt
und hüllt die Ferne tief mit Finsternissen,
und schattenhaft im Nebel stumm versinkt
dort Boot um Boot, jählings hinabgerissen.

Max Dauthendey
1867–1918

Im Speisewagen

Und wie ein verliebter Mensch, wenn er reist, im Geist
stets um die Geliebte schwebt,
So auch jeder Erdteil, auch wie er heißt, so auch Europa
stets noch in Afrika lebt.
Im Speisewagen ward man schnell durch die Wüsten-
strecken nach Kairo getragen.
Und Wiener Kellner, im schwarzen Frack und Kragen
und schwarzen Hosen,
Pflegten mit englischen Braten und französischen
Saucen den reisenden Magen.
Ich vermag den ersten Nachmittag nur durch die
Spiegelscheiben des Schnellzuges
zu beschreiben.
Manchmal flog ein Stück des Suezkanals, eine lange
Linie Sand oder ein Stand Palmen
vorbei.
An den Stationen waren Beduinen, in Mäntel
vermummt, verstummt und mit
trägen Mienen,

Und schienen wie ein Haufen weißer Säcke und wie
eine lebende Menschenhecke.
Auf den Bahnhofsrampen zeigten die elektrischen
Lampen am Abend in künstlichem
Mondscheinrahmen
Diese wilden Söhne, die aus weltleeren Wüsten kamen.
Doch im Speisewagen, wo die Kellner flink das Diner
auftragen,
Saßen am Fenster ein englischer Attaché und eine
französische Liebesfee.
Und in den spiegelnden Scheiben konnte ich, zwischen
den Schienen und Palmen und Beduinen,
Die Mienen und Liebeslaunen der europäischen Dame
bestaunen.
Die weiten spiegelnden Scheiben wollten mehr als
Afrikas Schönheit Europa
beschreiben,

Meine Augen mußten daran haften bleiben.
Nahm ich mein Weinglas zur Hand, so sah das die
Dame als einen Gruß, den sie verstand.
Und es lächelte der Französin Mund, weil der Stempel
»Paris« auf meinem Handgepäck
stund,
Und für eine Weile ihr Auge im Leibe mir viel verhieß;
Und es war, als ob ihr Mund in der Scheibe an meinen
Mund stieß.
»Auch auf Schnellzugsrädern, die durch Afrika gehen,
will Liebe sich drehen«,
Dachte ich still und ließ mein Weinglas unberührt
stehen.
Ich konnte, ohne Fenster, die Liebste in der Heimat
sehen, und die Augen wollten mir
übergehen
Vor der Sehnsucht Gespenster.

Marie Luise Kaschnitz
1901–1974

Rheingoldzug

Wir haben den blauweißen Zug gesehen
Und hatten einfach Lust
Wir hatten Lust uns zu vergessen
Und dann haben wir dort gesessen
Einen Tisch zwischen Brust und Brust.

Du sagtest nur: Mir geht es nicht gut
Und das war traurig genug
Und ein Kellner nahm Deinen Hut
Ich sah mich um, der Wagen war leer
Denn Geld hat ja heutzutag keiner mehr
Für den Luxuszug.

Du wolltest bestellen: Tee und Rum
Aber jetzt bliebst Du noch stumm
Und Deine braune Haut war fahl

Doch weil jeder sein eigenes Schicksal hat
Dachte ich an das Herz in der südlichen Stadt
Mit einemmal

Und daß der Zug morgen die Stadt erreicht
Aber ohne uns, denn wir fahren nicht weit
Und Du dachtest vielleicht
An die toten Augen die ganze Zeit.

Aber dann, wie die Kinder sind
Die Verbotenes tun, wurden wir stolz
Und strichen über das glänzende Holz
Der Abend machte die Scheiben blind
Und wir reckten uns in den Stühlen
Wir wollten uns glücklich fühlen.

Plötzlich lief einer am Zug entlang
Und der Kellner ging schnell hinaus
Steigen Sie aus.
Zwei Stunden Verspätung. Wir haben Defekt.

Und wir fuhren mit dem Personenzug
Langsam hinein in das letzte Licht.
Wir lachten beide: Uns kümmert das nicht
Aber Deine Augen waren traurig genug
Und bald von den Lidern bedeckt.

Sarah Kirsch
* 1935

Fahrt II

1

Aber am liebsten fahre ich Eisenbahn
Durch mein kleines wärmendes Land
In allen Jahreszeiten: der Winter
Wirft Hasenspuren vergessene Kohlplantagen
Durchs Fenster, ich seh die Säume der kahlen Bäume
Zarte Linie ums Geäst sie fahren heran
Drehn sich verlassen mich wieder

2

Im Frühjahr schreitet der Fasan vorbei
Seine goldenen Löwenzahnfedern
Machen ihn kostbar ich fürchte für ihn
Schon ist er verschwunden, zerbrochne Erde
Liegt schamlos am Bahndamm aber
Beim Schrankenhäuschen wird sie geebnet
Von Stiefmütterchen Pfingstrosenbüschen und Veilchen
Ich seh schon den Sommer, da

Wird das geflügelte Rad rotgestrichen
Der Schrankenwärter legt aus Steinen
Den Reisenden gute Wünsche

3

Arme Erde rußschwarz und mehlig
Schöne Gegenfarbe von Schwertlilien, die blau
Und mit seidig geäderten Blüten
In letzter Sonne stehn, das geht vorbei
Neue Bilder drehn sich der Zug ist so langsam
Daß ich die Pflanzen benennen kann
Jetzt die Robinien Weißes und Grünes Duft
Oder liegt auf den Pfennigblättern
Geriesel vom Kalkwerk

4

Die Fahrt wird schneller dem Rand meines Lands zu
Ich komme dem Meer entgegen den Bergen oder
Nur ritzendem Draht der durch Wald zieht, dahinter
Sprechen die Menschen wohl meine Sprache, kennen
Die Klagen des Gryphius wie ich
Haben die gleichen Bilder im Fernsehgerät
Doch die Worte
Die sie hörn die sie lesen, die gleichen Bilder
Werden den meinen entgegen sein, ich weiß und seh
Keinen Weg der meinen schnaufenden Zug
Durch den Draht führt
Ganz vorn die blaue Diesellok

Peter Rühmkorf
1929–2008

Reisender

Melk – Sankt Pölten – Wien,
the world was magic,
und die Donau floß mir durch den Sinn –
Slibowitz!
das ganze Tal roch zwetschig,
und *ich* mittendrin.

Oder geistern schon die Treber-
dämpfe
durch mein eignes Oberhaus?
Manchmal trägt der Zug
mich behutsam wie ein Tortenheber
über mich hinaus.

Wolken, denen ich im Fluge nachsinn,
Zeit,
in die ich mich vertu, vertief –
Aber Achtung!

dieser Altersschwachsinn
ist noch explosiv.

Wenn zum Beispiel mich dein engster
Rock, Meinkind, vom Himmel runterholt
– Nudel- und Marillenstern! –
Ich: gesammelt wie ein Geiselgangster,
dirty – old,
aber nicht mehr fern.

Plötzlich: roter Schinken, weißer Speck:
Fahnen flattern – wen zu grüßen?
Pilger wallen – wem zum Heil?
Manchmal, eh ich aufschau, blick ich weg …
und schon schwanke ich
auf feuchten Freiersfüßen
einsam durchs Abteil.

Ach, ich kann nicht mehr,
ich bin verrückt,
ich leide!
(kilometermüde und gedankenkrank)
Walther! von der Vogelweide,
lös – oh lös
meine Ketten von der Rentnerbank.

Schienenstöße, doch mit immer taubern
Schwellungen
geleiten mich zu Tal, zu Grab –
Leichter sind die Geier anzuziehn
als Fortuna zu bezaubern:
Wien bleibt Wien –
Doch der Genius schreitet fort, schrammt ab.

Uljana Wolf
* 1979

reisende

wir erfinden uns
zwischen den
bahnhöfen

schotter
und halme

an den weichen
geschiente küsse

gegen das fortklopfen
der züge

Zu dieser Ausgabe

Es gab einmal eine Zeit, da brach die Eisenbahn in das Leben der Menschen ein wie ein Verhängnis. Sie war groß, schön, bunt und sehr technisch, aber auch irgendwie übermächtig und unberechenbar, nachgerade dämonisch. Vorne eine Lokomotive mit Schlot, Kessel und Eisenrädern und hinten die Waggons zur Beförderung von Personen oder Waren.

Tatsächlich war bei der ersten deutschen Eisenbahn, die von Nürnberg nach Fürth fuhr, an beides gedacht. Zwar transportierte sie auf ihrer Jungfernfahrt – das war am 7. Dezember 1835 – erst einmal nur steif winkende Passagiere, aber schon bald folgte praktischerweise auch etwas Stückgut: zwei Fässer mit Bier.

Da England die damals führende Industrienation war, kam die Lokomotive auch von dort; sie wurde unter der Nummer 118 aus der Fabrikation des George Stephenson aus Newcastle geliefert. Den flotten Namen »Adler« erhielt sie erst später. Sie hätte vielleicht besser »Löwe« geheißen, gewissermaßen als Dankeschön für die Huld des bayerischen Herrscherhauses, das den Bau der »Ludwigsbahn« genehmigt hatte.

Der wichtigste Mann auf der Strecke war Mr. Wilson – der Lokomotivführer. Auch er kam aus England. Der zweite Mann im Führerstand war ein Deutscher. Johann Georg Hyronimus war aber nur für die Drecksarbeiten zuständig: Schmieren, Putzen, Kohle schippen. Mr. Wilson dagegen machte gute Figur und stand mit Frack und Zylinder an den Hebeln. Ohne ihn ging gar nichts. Er bezog ein Salär von jährlich 1500 Gulden. Dem Direktor standen nur 1200 Gulden zu.

Die Menschen im Zeitalter des Postillons waren überwältigt und mussten sich, auch wenn anfangs die angehängten Waggons wie freundliche Postkutschen aussahen, an die Eisenbahn zunächst einmal gewöhnen. Sie wurde erst später alltäglich. Vorerst jedoch galt sie vielen als Störfaktor: Sie wirkte unheimlich, verbreitete Schrecken, konnte den Tod bringen, aber sie faszinierte auch – eine Maschine, mit Dampf betrieben, die sich schnaubend fortbewegte, ein »iron horse«, wie es im Englischen hieß, ein Dampfross, wie es bald auch die Dichter nannten.

Die Literaten reagierten am sensibelsten auf das nagelneue Phänomen: vehement ablehnend die einen, visionär zustimmend die anderen. Allen voran Achim von Arnim, der bereits 1803, also mehr als 30 Jahre vor der Nürnberger »Ludwigsbahn«, einen Vierzeiler über die Eisenbahn schrieb, nachdem er in England die ersten Versuche mit Lokomotiven persönlich miterlebt haben dürfte. Dabei sollte man sich nicht wundern, dass das Wort »Eisenbahn« in seinem Text nicht vorkommt, schließlich taucht der Begriff im deutschen Sprachgebrauch erst um 1814 auf.

Dann aber ging es Schlag auf Schlag. So wie sich das Schienennetz im 19. Jahrhundert in Deutschland rasant verdichtete, so wollten auch die Schriftsteller »dranbleiben«, Stellung beziehen, notieren, beschreiben und erzählen. Gerade die Lyriker fühlten sich angesprochen, waren besonders fleißig. Entgangen ist ihnen nichts: weder die Ängste noch die Sehnsüchte, weder die Abschiedsszenen am Bahnsteig noch die Katastrophen unterwegs.

So griffen sie mit ihren Versen ins Räderwerk der Lokomotiven, sie blickten in die weiten Bahnhofshallen oder in die Abteile der ersten, zweiten, dritten und vierten Wagenklasse (die vierte Klasse mit Stehplätzen wurde in Preußen 1856 eingerichtet und erst 1928 wieder abgeschafft, während die dritte Klasse von der Deutschen Bundesbahn 1956 aufgehoben wurde). Sie blickten aber auch aus dem Fenster, wobei sie unsere Aufmerksamkeit auf Bilder lenken, auf bewegte Bilder. Das Fenster wird zu einem Bildschirm oder einem Spiegel, voll von Wünschen, Bangigkeiten und natürlich Erinnerungen – privaten und historischen, schönen und schrecklichen.

Sigmund Freud, der große Psychoanalytiker, soll Schweißausbrüche erlitten haben, wenn er nur daran dachte, einen Zug besteigen zu müssen. Andere, wie der Schriftsteller und Journalist Joseph Roth, haben ihr halbes Leben in der Bahn verbracht. Ob Zustimmung oder Ablehnung, der Nutzen der Eisenbahn stellte sich bald heraus, und heute gehört sie längst zum Alltag.

Doch als literarisches Thema hat sie noch lange nicht ausgedient. Gerade jüngste Gedichte zeigen, dass das Motiv nach wie vor gebrauchsfähig ist. Lediglich die Akzente haben sich verschoben. Nicht mehr nur die Reisenden stehen im Mittelpunkt, sondern interessanterweise auch Randbezirke, so etwa die Abgeschiedenheit von ereignislosen Bahndämmen – Biotope als Narkotikum oder wenigstens als sanfte Reservate ruhebedürftiger Seelen.

Mithin ist die Eisenbahn in Deutschland, 175 Jahre nach ihrer Einführung, nicht nur ein Ort des Zweckhaften, sondern auch eine Metapher des sich ständig verzweigenden menschlichen Lebens. Es scheint, als würde sich die Eisenbahn durch ihre eigene Unerschöpflichkeit immer wieder neu erfinden. Weder ist ein Ende in Sicht, noch ist dies wünschenswert.

Wolfgang Minaty

Quellennachweis

In: Gesammelte Werke in sechs Bänden. Bd. 5. München 1925

Richard Dehmel (1863–1920)

In: Gesammelte Werke in drei Bänden. Bd. 1. Berlin 1913

Günter Eich (1907–1972)

In: Gesammelte Werke. Bd. 1. Hrsg. von Ilse Aichinger (u. a.).

Joseph Freiherr von Eichendorff (1788–1857)

In: Werke in vier Bänden. Bd. 1. Hrsg. von Wolfdietrich Rasch. München u. Wien 1981

Gerrit Engelke (1890–1918)

In: Das Gesamtwerk – Rhythmus des neuen Europa. Hrsg. von Hermann Blome. München 1960

Theodor Fontane (1819–1898)

In: Sämtliche Werke. Bd. 20. Hrsg. von Edgar Groß (u. a.). München 1962

Erich Fried (1921–1988)

In: Zur Zeit und zur Unzeit.

Jürgen Fuchs (1950–1999)

In: Tagesnotizen – Gedichte.

Franz Grillparzer (1791–1872)

In: Sämtliche Werke, ausgewählte Briefe, Gespräche, Berichte.

Georg Heym (1887–1912)
Vorortbahnhof (Berlin VI) (1910) 31
In: Das lyrische Werk – Sämtliche Gedichte 1910–1912, mit einer Auswahl der frühen Gedichte 1899–1909. Hrsg. von Karl Ludwig Schneider. München 1977

Ernst Jandl (1925–2000)
london: victoria station (1962) 38
In: Poetische Werke in 10 Bänden. Bd. 5. Hrsg. von Klaus Siblewski. © 1997 Luchterhand Literaturverlag, München, in der Verlagsgruppe Random House GmbH

Mascha Kaléko (1907–1975)
Wenn einer fortgeht … (1934) 34
In: Das lyrische Stenogrammheft. Kleines Lesebuch für Große. © 1956 by Rowohlt Verlag GmbH, Reinbek bei Hamburg

Marie Luise Kaschnitz (1901–1974)
Rheingoldzug (um 1929) 124
In: Gesammelte Werke. Bd. 5. Hrsg. von Christian Büttrich u. Norbert Miller. © 1985 Insel Verlag, Frankfurt am Main

Erich Kästner (1899–1974)
Das Eisenbahngleichnis (1932) 69
In: Gesammelte Schriften. Bd. 1. © Atrium Verlag, Zürich, und Thomas Kästner

Gottfried Keller (1819–1890)
Zeitlandschaft (1858) 25
In: Sämtliche Werke. Bd. 2. Hrsg. von Jonas Fränkel u. Carl Helbling. Bern 1938

Justinus Kerner (1786–1862)
Im Eisenbahnhofe (1852) 22
In: Werke – Auswahl in sechs Teilen. Teil 2. Hrsg. von Raimund Pissin. Berlin 1919

Sarah Kirsch (* 1935)
Fahrt II (1967) 127